# Cómo elegir una muestra

DR. JOSÉ SUPO

Médico Bioestadístico

www.bioestadistico.com

Cómo elegir una muestra – Técnicas para seleccionar una muestra representativa

Primera edición: Enero del 2014

Editado e Impreso por BIOESTADISTICO EIRL
Av. Los Alpes 818. Jorge Chávez, Paucarpata, Arequipa, Perú.

Hecho el depósito legal en la Biblioteca Nacional del Perú.

N ° 2014-00205

ISBN: 1493718657
ISBN-13: 978-1493718658

# DEDICATORIA

A los investigadores, que aportan al conocimiento y a la construcción del método investigativo…

A los que pretenden con la ciencia mejorar el mundo.

# CONTENIDO

# AGRADECIMIENTOS

A los siguientes amigos y colegas gracias a los cuales pudimos desarrollar la primera edición del programa de entrenamiento "Técnicas de Muestreo y Cálculo del Tamaño Muestral":

Lic. Ciro López Mendoza. Trabajador Social. Docente de la Universidad Nacional Autónoma de México. México DF (México).

Dra. María Peregrina Cruzado Vallejos. Estadístico. Investigador y Docente de la Universidad Privada de Trujillo. Trujillo (Perú).

Mg. Guillermina García Madrid. Investigadora y Docente de la Benemérita Universidad Autónoma de Puebla. Puebla (México).

Ing. Emilio Urbina Menchaca. Ingeniero Mecánico, Administrador. Docente de la Universidad Regiomontana. Nuevo León (México).

Mg. Nelson Gerardo Solórzano Espíritu. Biólogo. Investigador. Ancash (Perú).

Mg. Richard Francisco Rosero Burbano. Psicólogo. Investigador y Docente de la Universidad de la Sabana. Bogotá (Colombia).

Dr. Sócrates David Pozo Verdesoto. Médico Cirujano. Investigador y Docente de la Universidad Metropolitana. Guayaquil (Ecuador).

Dr. Víctor Ernesto Villagrán Colón. Cirujano Dentista. Docente de la Universidad San Carlos de Guatemala. Guatemala (Guatemala).

Dr. Rodolfo Fernando Rivera. Médico Nefrólogo. Investigador y Docente de la Universidad de Milano-Biccoca. Milano (Italia).

Lic. Freddy Edwards Merino Ampuero. Psicólogo. Santiago (Chile).

Dr. Danny Gerald Carbajal González. Médico Cirujano. Universidad Nacional Mayor de San Marcos. Lima (Perú).

Ing. Alexis José Meneses Carnero. Ingeniero electrónico. Universidad Nacional San Luis Gonzaga de Ica. Ica (Perú). Gonzaga de Ica. Ica (Perú).

Mg. Oscar Flores Pérez. Ingeniero Agroforestal. Investigador y Docente de la Universidad URACCAN. Siuna (Nicaragua).

Mg. Efraín de Jesús Peralta Tercero. Ingeniero Forestal. Docente de la Universidad URACCAN. Siuna (Nicaragua).

Dr. Jhonatan Boris Quiñones Silva. Médico Cirujano. Investigador. Lima (Perú).

Mg. Juan Carmen Rentería de León. Educador. Docente de la Universidad Iberoamericana. Coahuila (México).

# Primer concepto

## preliminar **sobre muestreo**

# Población y muestra

En el presente libro, vamos a resumir las principales técnicas para seleccionar una muestra representativa. Además, abordaremos las técnicas probabilísticas y las no probabilísticas.

Existen dos conceptos que debemos tener muy en claro antes de comenzar a seleccionar muestras: el primer concepto es, evidentemente, el de muestra; y el segundo concepto, el de unidad de muestreo.

Una muestra es una parte de la población que tenemos que estudiar para llevar sus conclusiones desde la muestra hacia la población, a este procedimiento se le conoce como inferencia y se hará efectivo únicamente si hemos seleccionado una muestra representativa. Recuerda que el objetivo del investigador es estudiar a la población, y no a la muestra.

Para demostrarlo vamos a plantearnos dos situaciones:

Primero: imagina que queremos conocer el valor de la hemoglobina de un paciente. La población son sus 5 litros de sangre; y la muestra, los 5 cm3 que obtenemos para medir el valor de la hemoglobina. Vamos a suponer que el valor de la hemoglobina es 12 mg %.

Entonces, la conclusión es que el paciente tiene 12 mg % de hemoglobina en sus 5 litros de sangre, y los 5 cm3 que habíamos obtenido los descartamos. Esto demuestra que en realidad no nos interesa la muestra, sino más bien la población; la muestra no fue más que una estrategia, una forma de medir lo que está ocurriendo en la población.

Veamos una segunda situación: un candidato a las elecciones nacionales del presente año desea conocer el grado de aceptación que tiene en la población y para ello decide realizar una encuesta sobre 400 personas, en las cuales encuentra que el 30 % dispone votar por él.

A partir de este resultado, el candidato decide realizar una campaña política agresiva para convencer no al restante de las 400 personas, sino a toda la población, porque aunque lograra que las 400 personas encuestadas votaran por él esto sería insuficiente para ganar cualquier tipo de elecciones.

Por lo tanto, su verdadero interés y el enfoque de su campaña política estarán en la población, y no en la muestra. La muestra no fue más que una estrategia para conocer lo que está ocurriendo en la población, lógicamente que el conocimiento que tenga de la población a partir de una muestra será lo más cercano a lo real si la muestra fue elegida de una forma representativa; es por esta razón que tenemos que saber cómo elegir nuestra muestra.

Entretanto debes estar pensando que si el objetivo del estudio es la población; entonces, ¿para que estudiamos muestras? Lo que sucede es que no siempre es posible acceder a la población, de hecho, existen tres circunstancias concretas en las que no podemos estudiar a la población y en ese caso tendremos que recurrir al estudio de una muestra. Estas tres circunstancias son: primero, cuando la población es desconocida; segundo, cuando la población es inaccesible, y tercero, cuando la población es inalcanzable.

Veamos a que se refieren cada una de estas tres situaciones:

**Primero: la población es desconocida o se carece de un marco muestral.** En este caso no tenemos un listado de las unidades de estudio, no hay forma de conocer y de identificar a cada uno de los elementos que conforman la población.

Ahora, piensa que quisieras hacer un estudio acerca de los niveles de conocimiento sobre VIH y SIDA que tienen las trabajadoras sexuales, ¿acaso existe un listado donde estén registradas todas estas mujeres? ¿Existe una nómina? o ¿un artículo donde se hallan publicado sus números de identificación? No existe tal listado, no hay un marco muestral, no hay una definición de cada una de estas unidades.

Por lo tanto, se dice que la población es desconocida, pero no por su característica de contenido, sino por su magnitud. En ese caso tenemos que tomar una muestra porque no podemos acceder a la población y esto se hace simplemente porque no conocemos cuál es su magnitud.

**Existe una segunda circunstancia en la que tampoco podemos acceder a la población: porque es inaccesible al investigador**. Recuerda el ejemplo de la hemoglobina y de los 5 cm3 de sangre que obtenemos del paciente para conocer la magnitud de la hemoglobina.

La población está compuesta de 5 litros de sangre en promedio y es imposible acceder a estos 5 litros de sangre porque es incompatible con la vida, incluso es irrelevante hacer una medición sobre toda la población cuando con 5 cm3 de sangre basta para conocer el valor que estamos buscando. En este caso se dice que la población es inaccesible.

**Existe una tercera situación en que no podemos estudiar a toda la población: porque es inalcanzable por su magnitud**, incluso cuando tenemos un listado de todos los elementos que conforman a la población.

Por ejemplo, en las encuestas de preferencias electorales: si bien hay un registro electoral y uno puede disponer del listado de los votantes en una determinada población, la tarea de encuestar a todos se vuelve complicada cuando la población tiene por ejemplo un millón de habitantes, incluso la Oficina Nacional de Procesos Electorales se toma mucho tiempo para realizar un conteo de todos los votos emitidos en una población, esto es muy costoso e implicaría mucho tiempo invertido para conocer los resultados de las preferencias electorales antes de los comicios.

Por esta razón, es que las encuestadoras hacen estudios basados en una muestra, porque la población es tan grande; por eso se dice que es inalcanzable por su magnitud.

Por lo tanto, existen únicamente tres situaciones en las que debemos recurrir a la selección de una muestra y estas tres circunstancias son: primero, cuando la población es desconocida o no tenemos una marco muestral; segundo, cuando la población es inaccesible al investigador, y tercero, cuando la población es inalcanzable por su magnitud.

Los resultados que encontremos en la muestra nunca serán idénticos a los resultados que hubiésemos encontrado de estudiar a toda la población; pero sí son muy cercanos y son más cercanos mientas más representativa sea la muestra, por ello, la importancia de conocer cómo seleccionar muestras representativas.

La diferencia del valor encontrado en la muestra con el valor real que corresponde a la población se denomina sesgo, y habrá menos sesgo mientras más representativa sea la muestra, mientras hayamos considerado las técnicas de muestreo.

Básicamente, existen dos grandes grupos de técnicas de muestreo: las técnicas probabilísticas y las técnicas no probabilísticas; pero no se selecciona una u otra forma de elegir a nuestras unidades muestrales porque sean más fáciles o más difíciles;, sino porque las circunstancias del estudio nos empujan a utilizar una u otra.

De hecho, siempre deberíamos utilizar las técnicas probabilísticas, pero no siempre puede echarse mano de esta estrategia y en los casos en los que no se puede realizar una técnica probabilística tendremos que recurrir a una técnica no probabilística.

Dijimos que la diferencia de los resultados encontrados en la muestra respecto de los resultados que habríamos encontrado de estudiar a toda la población se llama sesgo; pues bien, las técnicas probabilísticas tienen menos sesgo que las técnicas no probabilísticas. No estamos diciendo que las técnicas probabilísticas no tengan sesgo; de hecho, sí lo tienen, pero la magnitud del sesgo es menor que en los casos no probabilísticos.

Al interior de las técnicas probabilísticas hay algunas técnicas que tienen más sesgo que otras y lo mismo ocurre en las técnicas no probabilísticas. De tal modo que podríamos ordenar a todas las técnicas ya sean probabilísticas o no probabilísticas por la magnitud del sesgo que le infieren a nuestros resultados.

Antes de pasar a detallar las técnicas de muestreo debes conocer el concepto de unidad de muestreo. Es que la forma de elegir a las unidades que vamos a estudiar se aplica a las unidades de muestreo y no necesariamente a las unidades de estudio.

# Segundo concepto

preliminar **sobre muestreo**

# Unidades de muestreo

Para comprender mejor el concepto de unidad de muestreo vamos a realizar un razonamiento básico: la población es el conjunto de todos los elementos que nos interesan estudiar y a estos elementos los definimos como unidades de estudio.

La muestra, al ser una parte de la población, es un subconjunto de los elementos que nos interesan estudiar, es un subconjunto de la población. Este razonamiento básico nos hace pensar que para construir una muestra debemos seleccionar a algunos elementos de la población y, ciertamente, esto es así en la mayoría de los casos, pero no siempre.

Veamos un ejemplo en el que las unidades de estudio no se seleccionan para construir la muestra: se trata de un estudio donde queremos evaluar la satisfacción laboral de los trabajadores del MINSA a nivel de la atención primaria.

Los trabajadores del Ministerio de Salud los podemos ubicar en los centros y puestos de salud, si hacemos una selección aleatoria de los trabajadores del Ministerio de Salud es muy probable que tengamos que trasladarnos a cada una de sus instalaciones, que quedan en diferentes regiones, solamente para entrevistar a un trabajador.

Esto es totalmente impráctico, es costoso y tomaría demasiado tiempo, lo practico es seleccionar a los centros y puestos de salud que van a ser incluidos en el estudio. Una vez que nos hayamos trasladado hacia sus instalaciones vamos a entrevistar a todos los trabajadores del centro de salud o del puesto de salud.

Por lo tanto, la muestra la hemos construido no a partir de los trabajadores del Ministerio de Salud, sino a partir de los centros y puestos de salud. Lo que hemos seleccionado no son a las unidades de estudio, no son a los trabajadores de la salud, sino más bien a los centros y puestos de salud que en este caso se denominan unidades de muestreo, por haber participado       en       el       proceso       de       selección.

Como puedes ver, la construcción de la muestra no siempre es a partir de las unidades de estudio; de hecho, la muestra se construye a partir de las unidades de muestreo. Por esta razón, debemos conocer los tipos o las formas de las unidades de muestreo, que son cuatro, a saber: unidades de muestreo propias, unidad de muestreo conjunta, unidad de muestreo identificadora y unidad de muestreo contenedora. Podrás elegir indistintamente cualquiera de ellas dependiendo del estudio que estés realizando o, incluso, podrías recurrir a más de una de ellas dependiendo del número de etapas con el que cuente tu proceso de muestreo.

**Primer tipo: unidades de muestreo propias.** Este es el caso más frecuente y el caso más común, donde la unidad de estudio es igual a la unidad de muestreo. Esto quiere decir que a quienes seleccionamos de la población para construir la muestra son a las unidades de estudio.

Si queremos conocer la prevalencia de ansiedad previo al examen de admisión en los estudiantes de una academia de preparación preuniversitaria que cuenta con mil alumnos, tenemos un listado, tenemos una nómina y un número de matrícula, con la que podemos identificar a nuestras unidades de estudio y podemos seleccionar una muestra.

Como cada número de matrícula representa a un alumno, la selección ha sido aunque de manera indirecta sobre las unidades de estudio; por esta razón, los estudiantes no solamente vienen a ser las unidades de estudio sino también son las unidades de muestreo. Esta puede ser la forma más sencilla de seleccionar una muestra, pero dependiendo de las circunstancias de nuestro estudio tendremos que recurrir a formas de seleccionar muestras en las que la unidad de estudio no será igual a la unidad de muestreo.

**Segundo tipo: unidad de muestreo conjunta.** Se trata de un conjunto de unidades de estudio donde las características del conjunto representan proporcionalmente a las características de la población. Para explicarlo vamos a retomar nuestro ejemplo donde estábamos estudiando la satisfacción laboral de los trabajadores del Ministerio de Salud a nivel de la atención primaria.

En este ejemplo, habíamos hecho una selección de los centros y puestos de salud para conformar la muestra y no una selección directa sobre los trabajadores de la salud. ¿Por qué hicimos este procedimiento? Porque en cada centro de salud y puesto de salud hay un equipo de la salud. En él podemos encontrar al médico, a la enfermera, a la obstetriz, al odontólogo, al nutricionista, al psicólogo, etc., a todo el equipo que también podemos encontrar en toda la población.

Por esta razón, el centro de salud o el puesto de salud se pueden considerar como una minipoblación, porque en su interior existe toda la variabilidad que encontramos en la población. Esta condición nos permite hacer selecciones sobre el conjunto y no sobre las unidades individuales, la finalidad es que podamos ahorrar recursos y que podamos hacer más eficiente las mediciones sobre las unidades de estudio.

A estos conjuntos de unidades de estudio se les conoce también como conglomerados o clústeres y son utilizados cuando identificamos a las unidades de muestreo conjuntas.

**Tercer tipo: unidades de muestreo identificadoras**, si la unidad de estudio es un conjunto de individuos. Fíjate que no he dicho un conjunto de unidades de estudio, sino un conjunto de individuos; y la característica en estudio, lo que nos interesa estudiar pertenece al grupo y no individualmente a sus elementos. Es preciso que ubiquemos a alguno de sus elementos que nos permita identificar a la unidad de estudio con la finalidad de ejecutar el muestreo.

Veamos un ejemplo: si estamos realizando un estudio sobre la relación médico-paciente tendremos que entrevistar a médicos y a pacientes. La condición es que los pacientes que vamos a entrevistar tienen que ser aquellos que hayan sido atendidos por el médico que hayamos seleccionado; por lo tanto, de una población de 100 pacientes vamos a identificar 20 médicos: la relación sería un médico y cinco pacientes.

Lo que estamos evaluando es la relación médico-paciente; y esta no es una característica del médico de manera individual, ni tampoco es una característica de los pacientes de manera individual, sino del conjunto.

Para poder hacer nuestra selección lo vamos a realizar a partir del médico, una vez identificado el médico procederemos a buscar a cinco de sus pacientes, si algunos de ellos se niega a participar en el estudio será muy fácil conseguir pacientes adicionales; lo que no ocurrirá si hacemos el procedimiento de manera inversa: primero buscar a los cinco pacientes, y luego, el medico se niega a participar en el estudio. Habremos trabajado en vano. Por lo tanto, tiene que haber un individuo que sea el identificador para la selección y, en este caso, es el médico y se conoce como unidad identificadora.

**Cuarto tipo: unidades de muestreo contenedoras.** También se le conoce como secciones censales, porque son muy utilizados para realizar estudios de la población en las Ciencias Sociales; pueden ser áreas geográficas que contienen a la unidad de estudio.

Esta estrategia es propia de los muestreos con más de una etapa, por ejemplo para realizar un estudio de preferencias políticas las unidades de estudio de quien queremos saber su opinión son los votantes; pero lo que vamos a seleccionar son las viviendas en cuyo interior encontramos al votante denominado unidad de estudio.

Por lo tanto, la unidad de  muestreo son las viviendas y por eso las llamamos contenedoras, porque en su interior se encuentra el votante, llamado también unidad de estudio. Una vez seleccionada la vivienda, nos apersonamos para ubicar a la unidad de estudio; normalmente esta segunda etapa, esta segunda fase del muestreo, es accidental: encuestamos a la primera persona con capacidad de votar, a la primera persona mayor de edad que salga de esta vivienda; pero la primera etapa de la selección la hicimos a partir de las viviendas que son las unidades de muestreo y no las unidades de estudio; por ello, en esta primera etapa a las viviendas se les conoce como unidades de muestreo contenedoras.

# Primera técnica

## de muestreo **probabilístico**

# Muestreo aleatorio simple

Existen básicamente dos métodos para seleccionar muestras: las técnicas de muestreo probabilísticas y las no probabilísticas. La diferencia entre una y otra es la magnitud del sesgo que le infiere a nuestras conclusiones la forma de seleccionar la muestra.

Las técnicas de muestreo probabilísticas tienen menos sesgo que las técnicas de muestreo no probabilísticas; pero incluso al interior de las técnicas de muestreo probabilísticas también existen técnicas con más sesgo que otras, lo mismo ocurrirá en las técnicas de muestreo no probabilísticas.

De tal modo, que podríamos ordenar tanto a las técnicas probabilísticas como a las no probabilísticas de acuerdo a la magnitud del sesgo que le infiere a nuestra conclusión la forma de seleccionar la muestra.

Vamos a comenzar con el desarrollo de las técnicas de muestreo probabilísticas. Iniciaremos con la técnica de muestreo que menos sesgo tiene, a continuación desarrollaremos una segunda técnica que tiene una mayor cantidad de sesgo y así iremos evolucionando hacia las técnicas no probabilísticas donde también las mencionaremos en el orden de la magnitud del sesgo que le infiere a nuestra conclusión la forma de seleccionar la muestra.

El muestreo aleatorio simple es, desde el punto de vista matemático, la forma más sencilla de seleccionar una muestra, de ahí viene el nombre de muestreo aleatorio simple; pero desde el punto de vista práctico de la recolección de los datos y de aproximación a las unidades de estudio es la técnica más compleja.

Cuando trabajamos con una población reducida, digamos mil estudiantes de una academia de preparación preuniversitaria, la forma de selección de una muestra es más accesible, porque disponemos de un marco muestral, porque nos encontramos frente a las unidades de muestreo y porque podemos elegir directamente desde la población a nuestras unidades de muestreo, y es simple porque si tenemos una población de tamaño N (mayúscula) y queremos construir una muestra de tamaño n (minúscula); entonces, nada más hace falta dividir n entre N para encontrar la probabilidad de cada uno de los elementos que tienen para conformar la muestra.

Como quiera que esta probabilidad sea conocida y, además, idéntica para cada uno de los elementos que conforman la población, se le conoce también como muestreo equiprobabilístico.

Ahora, vamos a plantearnos un estudio donde queremos conocer la prevalencia de ansiedad antes a un examen de admisión en los estudiantes de una academia de preparación preuniversitaria. La academia tiene mil alumnos y, lógicamente, como todos han sido matriculados tienen un registro de matrícula, se les ha asignado un número, hay un padrón, un listado de todos los elementos, esto se conoce como marco muestral; y cada uno de los elementos están plenamente identificados.

Vamos a suponer que necesitamos para nuestro estudio únicamente a cien estudiantes; entonces, lo que hacemos es dividir cien entre mil porque cien es el tamaño de la muestra, n, y mil es el tamaño de la población, N. Cien entre mil nos da uno sobre diez o 0.1 o un décimo, esa es la probabilidad de que cada alumno conforme la muestra, y la probabilidad para cada alumno, además, es la misma.

Para seleccionar a los cien estudiantes que conformarán la muestra podemos proceder de distintas maneras: la manera más simple y la más tradicional es asignarle un número a cada estudiante, este número puede estar escrito en un bolo y estos bolos pueden introducirse al interior de un ánfora; luego de rodar el ánfora, podemos ir seleccionando de manera aleatoria a los estudiantes que conformarán la muestra a partir del número que salga en cada uno de los bolos.

Se me ocurre una segunda forma de seleccionar la muestra; como quiera que la probabilidad de conformar la muestra para cada estudiante sea uno sobre diez (1/10); entonces, podemos construir una ruleta con diez casillas; de las diez casillas pintamos a una de ellas con el color rojo y cada estudiante tendrá que girar la ruleta. Todos aquellos cuyo resultado se encuentre en la casilla roja pasarán a conformar la muestra. La probabilidad es uno en diez porque la ruleta tiene exactamente diez casillas.

Otra forma de seleccionar la muestra a partir de esta probabilidad conocida de uno en diez sería seleccionando a todos los estudiantes cuyo número de matrícula termine en un numero definido, por ejemplo, el número cinco, es decir, que conformarían la muestra los estudiantes que tengan como matricula 5, 15, 25, 35, 45, etc., hasta completar los 100 estudiantes de la muestra; pero no necesariamente tiene que ser el número cinco.

Podría ser el número siete o ¿por qué no el número tres? o ¿por qué no elegir un número del cero al nueve de manera aleatoria? Este procedimiento le agrega un componente de aleatoriedad a nuestra muestra; por supuesto, tú puedes escoger la forma más imaginativa de aleatorizar la probabilidad de uno en diez.

Para construir la muestra, en el caso de este estudio, existen tablas de números aleatorios, existe software para generar números aleatorios y poder identificar a los cien elementos que conformarán la muestra, siempre que la probabilidad sea uno en diez y se mantenga de la misma magnitud para cada uno de los cien estudiantes que van a conformar la muestra.

Hasta este punto te habrás dado cuenta de que un elemento crucial para realizar este procedimiento es tener plenamente identificadas a las unidades de estudio, a los estudiantes que están postulando a la universidad. Hay que tener un listado denominado también marco muestral, N, que tendrá que ser utilizado para calcular la probabilidad de conformar la muestra; pero lo real es que no siempre podemos contar con este marco muestral, a veces no tenemos el listado de todas las unidades de estudio, otras veces no tenemos identificados a cada uno de los elementos que conforman la población.

Esto no quiere decir que no tengamos población, sí la tenemos, lo que no tenemos es el listado. Recuerda que lo que define a la población no es su tamaño, sino la característica identificable, la característica común de las unidades es lo que define a un conjunto de elementos como población.

Imagina una población de trabajadoras sexuales donde quieres identificar el nivel de conocimientos que ellas tienen acerca del VIH y SIDA, en este caso la población está definida por la característica identificable que es ser trabajadora sexual y que ellas mismas se pueden autodefinir como tal.

Sin embargo, no cuentas con un listado de las unidades de estudio, no hay un registro, una nómina, un padrón, una ficha donde se les haya identificado y se les haya asignado un numero; entonces, se dice que la población es desconocida pero no por su característica identificable, sino por su magnitud.

El término más adecuado sería marco muestral desconocido, algunos dicen sin marco muestral, en cualquiera de los casos no tenemos un listado de las unidades de estudio, a lo cual se le conoce también como marco muestral.

En este caso no podrías aplicar el muestreo aleatorio simple, porque no puedes calcular la probabilidad de que alguno de los elementos de la población forme parte de la muestra. Esto es una limitación del muestreo aleatorio simple, el más exacto de todos y el que menos sesgo tiene dentro de los muestreos probabilísticos, y este es un caso o un ejemplo en el que no lo podrás utilizar.

En este caso, tendrás que recurrir a una segunda forma de seleccionar a la muestra, pero tendrás que pagar un precio: incrementar el sesgo entre el valor medido en la muestra y el valor real que habríamos encontrado de evaluar a toda la población.

# Segunda técnica

de muestreo **probabilístico**

# Muestreo sistemático

Habíamos mencionado que la forma más exacta de seleccionar una muestra es el muestreo aleatorio simple. Esta es la técnica de muestreo que menos sesgo le infiere a nuestros resultados; sin embargo, para realizarla necesitamos contar con el tamaño de la población, con el listado de todos los elementos que conforman dicha población, llamado también marco muestral.

Pero ¿qué sucede en los casos en que no contamos con este marco muestral? Imagina que quieres realizar un estudio acerca del nivel de conocimientos que tienen las trabajadoras sexuales sobre el VIH y SIDA. Sin embargo, no disponemos de N, es decir, no disponemos del marco muestral; esto no quiere decir que no dispongamos de una población, sí la tenemos y está definida por el concepto de trabajadoras sexuales. Lo que no existe es una nómina, un registro, una lista de todas estas mujeres; en ese caso no podremos realizar un muestreo aleatorio simple, tendremos que incrementar el sesgo utilizando un muestreo sistemático.

Esto quiere decir que el sesgo entre el valor medido en la muestra y el valor real de la población será mayor. Aquí debe quedar claro que vamos a elegir el muestreo sistemático no por comodidad o porque sea más sencillo o más rápido, sino porque simplemente no podemos utilizar el muestreo aleatorio simple, porque no tenemos marco muestral.

Ahora, vamos a plantear un ejemplo para poder realizar nuestro muestreo sistemático. El estudio que vamos a realizar es acerca de la percepción de la calidad de la atención que tienen los pacientes en consultorio externo en el centro de salud Ampliación Paucarpata ¿Cuál es el tamaño de la población? ¿Cuál es el N?

El centro de salud Ampliación Paucarpata pertenece al Ministerio de Salud, una entidad pública, esto quiere decir que todos los días vienen pacientes nuevos; que aparecen pacientes que no están registrados en los archivos del centro de salud; que cada día siempre habrá alguien que no haya sido atendido con anterioridad.

Por tal motivo, no podemos definir un tamaño de la población, un marco muestral, es decir, no contamos con N. Para poder realizar nuestro muestreo sistemático tendremos que definir un N que no corresponde al tamaño de la población, sino que es un artificio para poder ejecutar nuestro muestreo.

Para ello, vamos a identificar cuántos pacientes han sido atendidos el año anterior, y supondremos que han sido atendidos diez mil pacientes, entonces, lo lógico es que este año también sean atendidos diez mil pacientes por los mismos servicios.

Por lo tanto, N sería igual a diez mil, pero no es el tamaño de la población, no es el listado de todas las unidades de estudio, solo es una construcción teórica para poder realizar nuestro muestreo sistemático.

Esta concepción del tamaño de la población es temporal, porque también podríamos haber dicho: todos los pacientes que se atienden desde el primero de enero hasta el treinta y uno de marzo, es decir, únicamente en tres meses. ¿Será posible que las patologías que presentan los pacientes de enero a marzo sean distintas a las patologías de los pacientes que acuden entre abril y diciembre?

Si esto es así, el N tiene que ser construido en función a todo el año; pero si las patologías que se presentan de enero a marzo son las mismas que las patologías que se presentan de abril a diciembre, entonces, tres meses serán suficientes para definir el N o un tamaño de la población. Cada investigador de acuerdo al conocimiento que tenga sobre la dinámica de su variable de estudio tendrá que definir cuál es el espacio temporal que le permite establecer su N.

En el campo de la salud un año es una medida estándar y en nuestro ejemplo habíamos dicho que en el año anterior se habían atendido diez mil pacientes; por lo tanto, en este año también tendrán que atenderse diez mil pacientes y a partir de ese valor es que realizamos nuestra estrategia de muestreo.

Una vez estimado el tamaño de la muestra, porque esto pertenece al cálculo del tamaño muestral, procedemos a seleccionar a nuestras unidades que conformarán la muestra: vamos a suponer que el cálculo del tamaño de la muestra nos ha arrojado únicamente cien pacientes, ahora tenemos que hacer una división: N, diez mil, entre n, cien.

Diez mil entre cien es igual a cien, a esto se le denomina intervalo de salto y se representa por la letra k, esto quiere decir que tenemos que entrevistar a uno de cada cien pacientes durante todo el año en curso.

Entonces, tendremos que entrevistar al paciente número uno, al paciente número 101, al 201, 301 y así sucesivamente. Por supuesto, no necesariamente hay que empezar en el uno, en realidad podríamos comenzar aleatoriamente entre uno y cien: vamos a suponer que de este sorteo salió el número 33, entonces, tendríamos que estudiar al paciente número 33, al 133, al 233, al 333 y así sucesivamente, hasta conformar la muestra de cien pacientes.

Pero y ¿qué sucede si hemos completado nuestra muestra de cien pacientes antes de que acabe el año? Pues ahí termina nuestra recolección de datos. O ¿Qué sucede en el sentido inverso? Es decir, ya pasó un año y todavía no tenemos a nuestros cien pacientes; entonces, seguiremos con el mismo procedimiento de muestreo, incluso si nos hemos pasado más de un año.

Claro que no necesariamente tiene que ser un año, dijimos que esto lo hicimos solamente porque las patologías que se presentan en los tres primeros meses pueden tener una característica distinta a las patologías que se presentan en los siguientes nueve meses, en realidad, tres meses serán suficientes para poder identificar la percepción de la calidad de la atención que tienen los pacientes en nuestros consultorios externos del centro de salud Ampliación Paucarpata.

Incluso, para algunos casos un mes o treinta días serán suficientes para poder realizar nuestro muestreo sistemático; de hecho, ¿qué razón habría para pensar que la percepción de la calidad en enero es distinta a la percepción de la calidad en febrero, en marzo, en agosto o en diciembre? Si no existe ninguna razón para pensar que la percepción de la calidad en enero, agosto o diciembre es distinta, en ese caso podremos hacer todo el procedimiento de muestreo en un solo mes y el intervalo de salto o denominado k sería muchísimo menor.

Existe un inconveniente con este tipo de muestreo. Imagina que todos los días atiendes a 20 pacientes y tu intervalo de salto es exactamente igual a 20, si entrevistas al paciente 1, al 21, al 31, al 41 y así sucesivamente, quiere decir que estarías entrevistando al primer paciente de la mañana, y es evidente que la percepción de la atención para el primer paciente de la mañana no necesariamente será igual a la percepción del ultimo paciente de la jornada, cuando el medico está más agotado, está probablemente agobiado por llegar a casa y, por supuesto, muy saturado de todo el trabajo de la jornada.

Por lo tanto, el intervalo de salto, k, no podría ser igual a 20, porque se estaría asociando a la variable en estudio que es la percepción de la calidad que tienen los pacientes respecto del servicio brindado en el centro de salud.

Hay que tener en cuenta que no exista tal asociación y en caso de encontrarla cambiar el número del intervalo de salto para poder evitar este tipo de situaciones.

El muestreo sistemático es una alternativa muy interesante al muestreo aleatorio simple cuando no tenemos un tamaño N, pero incluso el muestreo sistemático no es completamente factible en muchos casos; por eso existen otras técnicas de muestreo probabilísticas.

# Tercera técnica

## de muestreo **probabilístico**

# Muestreo estratificado

Habíamos mencionado que dentro de las técnicas de muestreo probabilístico la técnica con menor cantidad de sesgo es la técnica muestreo aleatorio simple; cuando no disponemos de un marco muestral aplicamos el muestreo sistemático; pero incluso un muestreo sistemático puede resultar complicado, como en nuestro ejemplo en que teníamos que esperar un año para estudiar únicamente a cien pacientes, y esto porque las patologías que se presentan en enero son distintas a las patologías que se presentan en agosto o en diciembre.

Si logramos demostrar que las patologías en el verano son distintas a las patologías de invierno o quizás primavera y otoño, entonces, en ese caso tendremos que tomar una muestra en cada una de las estaciones. A esto se le denomina muestreo aleatorio estratificado porque si bien vamos a tomar un segmento en cada una de las estaciones, al interior de cada estación sí lo vamos a hacer de manera aleatoria, esto en los casos en que las patologías en cada estación sean más o menos las mismas, pero entre cada estación sean diferentes. Esto quiere decir que los grupos son heterogéneos entre sí, pero homogéneos dentro de cada grupo.

El muestreo aleatorio estratificado lo podemos aplicar no solamente a un criterio temporal, y para demostrarlo veamos el siguiente ejemplo: queremos conocer cuál es el grado de aceptación que tienen los estudiantes de Enfermería respecto al método anticonceptivo quirúrgico voluntario masculino llamado también vasectomía.

La opinión acerca de la vasectomía o la aceptación que tiene la población es distinta en los hombres que en las mujeres. Las mujeres sostienen que ellas siempre han sido responsables de la planificación familiar y que, en esta ocasión, le toca al varón hacerse responsable de esta medida.

Sin embargo, los varones no estamos dispuestos a sacrificar nuestra anatomía únicamente con fines de planificación familiar. Entonces, las mujeres estarán más de acuerdo con este método anticonceptivo o forma de planificación familiar y los hombres no tanto.

Así pues, la conclusión que encontraremos en la Facultad de Enfermería, es decir, en lo estudiantes, estará influenciada por el gran contingente de mujeres que deciden estudiar esta carrera. Porque dentro de esta Facultad estudian más mujeres que varones.

Vamos a suponer que por cada nueve mujeres hay un varón o que el 10% de los estudiantes de Enfermería son varones; dicho de otro modo, el 90% de los estudiantes de enfermería son mujeres.

Si hacemos un estudio acerca de la aceptación para este método anticonceptivo llamado vasectomía, vamos a encontrar que la mayoría de los estudiantes de Enfermería aceptan este método anticonceptivo o se encuentran a favor.

Esto es un sesgo importante porque llegaríamos a pensar que incluso los varones que se encuentran al interior de esta facultad piensan igual que las mujeres porque la opinión en forma general se ha promediado.

Es en este punto donde debemos decidir estudiar la opinión de las mujeres en forma aislada a la opinión de los varones. Por lo tanto, necesitamos hacer un muestreo estratificado; una muestra donde se encuentren representados tanto las mujeres como los varones en la misma proporción en la que se encuentran en la población, es decir, de nueve a uno.

Supongamos que existen 1000 estudiantes de Enfermería en la población, esto sería 900 estudiantes mujeres y 100 estudiantes varones, y de esta población de 1000 estudiantes necesitamos una muestra únicamente de 100 estudiantes.

En la muestra de 100 estudiantes también debe replicarse la proporción de nueve a uno, quiere decir que tendrían que haber 90 mujeres y 10 varones. No podría ser una muestra de 95 mujeres y 5 varones porque habría más mujeres de lo que existe en la proporción de la población.

Tampoco podría ser 50 mujeres y 50 varones, porque existirían más varones de lo que en proporción encontramos en la población. Tiene que ser la medida exacta de nueve a uno.

Tal como ocurre en la población debe ser representado en la muestra, a esto se le denomina muestreo aleatorio estratificado. Aleatorio porque las 90 mujeres son elegidas de la población de 900 y los 10 varones son elegidos de su población de 100 varones.

Entonces, están representados tanto las mujeres como los varones en la misma proporción en la que se encuentran en la población, a esto se le denomina afijación proporcional. Aunque no es la única manera de 'afijar' nuestro muestreo aleatorio estratificado.

Tengamos en cuenta que para hacer el muestreo aleatorio estratificado antes teníamos que conocer la proporción de varones y mujeres en la población, es decir, que teníamos que conocer la distribución de la variable criterio de estratificación que en este caso es sexo o género.

El criterio de estratificación es la variable que nos ha permitido construir dos grupos en los que tenemos que representar varones y mujeres. Si no tuviéramos este dato, que hay nueve mujeres por cada varón, entonces, no podríamos hacer el muestreo aleatorio estratificado; el requisito es que conozcamos este dato.

En este punto ya resulta evidente que mientras más avanzamos en nuestras técnicas de muestreo, más información necesitamos acerca de la población y, que si bien, cada vez que avanzamos a una nueva técnica de muestreo hay más sesgo, necesitamos contrarrestar ese sesgo con acciones de selección basadas en la información.

En el ejemplo que hemos puesto de evaluar hombres y mujeres en la Facultad de Enfermería la proporción nueve a uno corresponde a un muestreo aleatorio estratificado o a una afijación proporcional, pero no es la única forma de afijar. También existe la afijación de Neyman y la afijación óptima.

Para entender lo que es la afijación de Neyman vamos a suponer que queremos conocer el índice de masa corporal (IMC) en una población. Y una población está conformada por hombres y mujeres, además, el IMC en los hombres es distinto al de las mujeres no solamente en el valor promedio, sino también en la desviación estándar.

Los hombres tenemos más IMC que las mujeres y también mayor variabilidad expresada en términos de desviación estándar; por lo tanto, de realizar un muestreo aleatorio estratificado mediante la afijación de Neyman tendremos que incluir más hombres que mujeres. Porque los hombres tenemos mayor dispersión respecto de esta medida, el IMC.

El grupo que tenga más dispersión necesitará más muestra respecto del grupo que tenga menos dispersión, por supuesto, estos cálculos se pueden hacer matemáticamente. La tercera forma de afijar, además de la proporcional y la de Neyman, es la afijación óptima. Esta tiene en cuenta los costos que involucra hacer las mediciones a cada uno de los estratos.

Para entenderlo mejor vamos a poner el siguiente ejemplo: estamos haciendo un estudio de seguimiento de egresados de una universidad local, tenemos los números telefónicos y les vamos a realizar una entrevista telefónica.

Algunos de los egresados se encuentran en nuestra ciudad y otros, incluso, están fuera del país; por lo tanto, las llamadas locales nos costaran mucho menos que las llamadas internacionales, esto significa que evaluar al estrato que se encuentra fuera del país es más costoso que evaluar al estrato que se encuentra al interior del país.

Entonces, tendremos que reducir el número de elementos del estrato que nos resulta más costoso en función a la diferencia del precio que hay que utilizar para evaluar a uno u otro estrato. Se constituye el tamaño de cada uno de los grupos o, más bien, la afijación, a fin de utilizar nuestros recursos de la manera más óptima.

# Cuarta técnica

## de muestreo probabilístico

# Muestreo por conglomerados

Existen cuatro técnicas de muestreo probabilístico y no podemos elegir indistintamente cada una de ellas, sino más bien debemos elegir el muestreo aleatorio simple. En el caso en que no podamos utilizar el muestreo aleatorio simple, utilizaremos el muestreo sistemático para los casos en que no contamos con N, el marco muestral, el listado de todas las unidades de estudio; pero vamos a tener que pagar un precio: un mayor sesgo en nuestros resultados.

La tercera opción es elegir el muestreo aleatorio estratificado con la intención de representar a cada uno de los estratos en la muestra. Hay que aclarar que esto no lo hace mejor que el muestreo aleatorio simple o sistemático, lo que sucede es que en la selección de muestras existe un conjunto de sesgos de selección que pueden interferir con la aleatorización de nuestra muestra, es por esa razón que intentamos estratificar a los grupos para poder representarlos al interior de la muestra, pero recuerda que el muestreo aleatorio estratificado requiere conocer la distribución de la variable criterio de estratificación.

Pero si aún no cuentas con esta información y te es difícil realizar un muestreo aleatorio simple porque tienes que estudiar, por ejemplo, a toda una región y es muy difícil que te puedas trasladar hasta cada una de las instalaciones o a sus ubicaciones, me estoy refiriendo a las unidades de estudio. En ese caso puedes optar por el muestreo por conglomerados.

El muestreo por conglomerados es la cuarta técnica de muestreo probabilístico y de las cuatro técnicas es la que más sesgo tiene. Sin embargo, está considerada dentro del muestreo probabilístico y consiste en la identificación de grupos de unidades de estudio, de conglomerados llamados también clústeres donde cada grupo presenta toda la variabilidad que se observa en la población.

Para ejemplificarlo, vamos a retornar nuestro ejemplo de la evaluación de la satisfacción laboral en los trabajadores del Ministerio de Salud a nivel primario, es decir, centros y puestos de salud. Si trabajamos únicamente en la región Arequipa, y esto ya es un territorio bastante grande, tendríamos que trasladarnos a cada centro y puesto de salud, lo cual representa mucho gasto, mucho tiempo y demasiada inversión.

En realidad podríamos obtener resultados similares si hacemos un muestreo por conglomerados; esto significa no aleatorizar a las unidades de estudio: no elegir a los trabajadores de la salud por su número de contrato, por su número de identificación, no realizar un muestreo aleatorio simple porque es impráctico. En este caso realizamos el muestreo por conglomerados, que consiste en seleccionar a los centros y puestos de salud.

Una vez que hayamos seleccionado los centros y puestos de salud a evaluar y descartado aquellos que no serán evaluados, vamos a dirigirnos hacia los seleccionados para entrevistar a los trabajadores, a los que se encuentran en el interior de sus instalaciones.

Esto es particularmente práctico porque no vamos a tener que trasladarnos a todos los centros y puestos de salud, teniendo en cuenta que si todos están bajo el mismo régimen; bajo el mismo sistema; bajo la misma legislación; con los mismos sueldos; no tendría por qué haber mucha diferencia en cuanto a la satisfacción laboral del centro de salud Ampliación Paucarpata y el centro de salud Edificadores Misti.

Además, no hay mucha distancia entre ellos porque se encuentran en la misma cuidad: ambos están en la zona periurbana y, por lo tanto, las circunstancias de uno y otro son muy similares. Así, incluir a uno es casi como incluir a los dos, y digo casi porque no es igual.

Porque nos vamos a tener que arriesgar a cometer más sesgo. Ciertamente, esta es la técnica de muestreo probabilístico que tiene más sesgo, pero por cuestiones prácticas tendremos que recurrir a esta forma de muestrear para poder realizar nuestro trabajo con eficiencia.

Ya te habrás percatado de que esta técnica es muy útil cuando las unidades de estudio los trabajadores del Ministerio de Salud, están muy dispersos geográficamente, entonces, vamos a ahorrar muchos recursos si utilizamos esta técnica de muestreo.

La técnica de muestreo por conglomerados se puede considerar como lo opuesto al muestreo estratificado, porque en cada conglomerado o grupo de unidades de estudio encontramos representados a toda la variabilidad de la población: en un centro de salud encontramos al médico, a la enfermera, a la obstetriz, al odontólogo, al nutricionista, al psicólogo, es decir, a todo el equipo de salud en la misma proporción o, por lo menos, en similares proporciones a los que se encuentran en toda la población, es decir, en todo el Ministerio de Salud; por esta razón, a cada uno de estos grupos los consideramos como minipoblaciones llamados también conglomerados.

Los profesionales que se encuentran al interior de un centro de salud son diferentes entre sí, en cambio, en el muestreo estratificado los que se encuentran dentro de un estrato son muy similares, acuérdate del ejemplo de los estudiantes de la Facultad de Enfermería: un estrato está conformado por mujeres; y el otro por varones.

En cada estrato hay homogeneidad: las mujeres son homogéneas entre ellas y los varones son homogéneos entre ellos; pero entre estratos hay diferencias. Por esta razón, tienen que entrar al muestreo todos los estratos; lo que no entran son todos los elementos de cada estrato.

El muestreo se hace al interior de cada estrato y todos ellos tienen que estar representados en la muestra. En cambio, en el muestreo por conglomerados ocurre lo contrario: existen muchos grupos llamados conglomerados, pero no todos los conglomerados entran a la muestra, sino algunos de ellos y al interior de cada conglomerado entran todos los elementos, todas las unidades de estudio.

Al interior de cada conglomerado hay la diversidad y la variabilidad que encontraríamos en la población. Por lo tanto, cualquiera de los conglomerados podría incluirse en la muestra y, de hecho, cuando se hace una selección aleatoria solamente uno de ellos pasará a conformar la muestra.

Hemos visto dos etapas en el muestreo por conglomerados, porque la primera parte o la primera etapa de la selección consiste en seleccionar qué centros y qué puestos de salud van a ser incluidos en la muestra. Una vez que nos hayamos trasladado a cada centro y puesto de salud tenemos dos opciones: la primera opción es que estudiemos o entrevistemos a todos los trabajadores; a todas las unidades de estudio.

Esa es la primera opción y esa es la forma más básica de hacer un muestreo por conglomerados, pero incluso dentro de cada conglomerado también podríamos hacer una segunda elección, una segunda etapa de nuestro muestreo y decidir no entrevistar a todos los trabajadores, sino solamente a una parte de ellos.

Vamos a suponer que un centro de salud tiene 50 trabajadores y decidimos no entrevistarlos a todos, sino solamente a 25 ¿Cómo hacemos la selección de estos 25 trabajadores del grupo de 50? Pues ahí sí lo podemos hacer mediante un muestreo aleatorio simple, pero esto corresponde a una segunda etapa de nuestro muestreo polietápico.

El muestreo por conglomerados hace referencia únicamente a la primera etapa, a la fase de la selección de los centros y puestos de salud, cada investigador es libre de decidir qué es lo que hará en una segunda etapa o si es que existe una segunda etapa, pero entre decidir que exista o no una segunda etapa ya hay mucha subjetividad en cuanto a la selección de las unidades de estudio.

Por esta razón, el muestreo por conglomerados es la técnica de muestreo probabilístico que le infiere mayor sesgo a las mediciones y, por tanto, a las conclusiones, pero aun así hay circunstancias, hechos, momentos en los que no se puede aplicar ninguno de estos cuatro muestreos probabilísticos. En ese caso tendremos que recurrir a un muestreo no probabilístico.

# Primera técnica

de muestreo **no probabilístico**

# Muestreo por cuotas

Habíamos dicho previamente que la diferencia entre los muestreos probabilísticos y los no probabilísticos es la magnitud del sesgo. Los muestreos probabilísticos son los que tienen menos sesgo a lado de los muestreos no probabilísticos, evidentemente, no estoy diciendo que no tengan sesgo, sí lo tienen, lo que sucede es que el sesgo es de menor magnitud que en los casos no probabilísticos.

También habíamos ordenado a los muestreos probabilísticos según la magnitud del sesgo: de aquel que tiene menos a aquel que tiene más. En ese orden es en el que los hemos desarrollado. Haciendo una analogía con lo que hemos hablado anteriormente, ahora vamos a desarrollar los muestreos no probabilísticos en la misma secuencia: de aquel tiene menos sesgo a aquel que tiene más.

Dentro de los muestreos no probabilísticos aquel que tiene menos sesgo es el muestreo por cuotas. Si bien está al interior de un grupo de muestreos no probabilísticos viene a ser la mejor opción para los casos en que no podemos utilizar un muestreo probabilístico. Es preciso recordar que elegir entre uno y otro no es cuestión de gustos ni de comodidades, es de circunstancias.

Existen situaciones en las que no se puede realizar un muestreo probabilístico y solamente en ese caso realizamos o ejecutamos un muestreo no probabilístico. Esto quiere decir que son las circunstancias las que nos han empujado a realizar un muestreo no probabilístico, y esta elección no ha sido por comodidad.

El muestreo por cuotas es el muestreo con menor sesgo dentro de los no probabilísticos. Algunos le han puesto el nombre de cuasi probabilístico debido a que es muy parecido al muestreo estratificado, pero en este caso si tuviéramos dos etapas, el complemento o la segunda etapa nunca es aleatorio simple, en este caso la segunda etapa es un muestreo accidental, porque si ya nos encontramos con un sesgo importante qué sentido tiene tratar de subsanar la circunstancia de haber utilizado un muestreo no probabilístico.

Vamos a plantear nuestro ejemplo: queremos hacer un estudio sobre los hábitos de higiene en los escolares de nivel primario. Para ello necesitamos acudir a los diferentes colegios nacionales, particulares, parroquiales de nuestra ciudad, para poder evaluar sobre los estudiantes cuáles son sus hábitos de higiene.

Debemos tener en cuenta que para ingresar a las Instituciones Educativas necesitamos el permiso de los directores y en muchos casos ellos se van a negar a proporcionárnoslo, esto significa que no podemos hacer un muestreo aleatorio porque si nos sale sorteado un determinado colegio y al final no podemos obtener el permiso; entonces, ya no estamos haciendo un muestreo aleatorio simple.

Vamos a elegir a los colegios como si fueran cuotas porque en cada colegio existe la variabilidad de los hábitos de higiene en los escolares, que observaríamos en toda la población. La población son todos los escolares y se encuentran agrupados en los colegios.

La otra alternativa sería que realicemos una visita domiciliaria personal uno a uno a todos los estudiantes que se encuentran matriculados en el año académico en curso; pero imagina hacer una visita domiciliaria solamente a 100 personas o, incluso si necesitaras más, 400, esto es totalmente impráctico.

Entonces, para poder ubicar a estos estudiantes que se encuentran en etapa escolar lo más sencillo, lo más práctico, es que los ubiquemos al interior de las Instituciones Educativas.

Por esta razón, a las Instituciones Educativas las vamos a denominar cuotas y cada Institución Educativa viene a ser una cuota. Esta selección no ha sido aleatoria; ha sido elegida porque cada Institución representa a la variabilidad de la población.

En un colegio pueden existir 1000 alumnos o pueden existir 100 alumnos. No estudiaremos a todos los alumnos, si suponemos que necesitamos únicamente 400 alumnos basándonos en el cálculo del tamaño muestral que previamente hayamos realizado, y tomamos 100 estudiantes en cada colegio; entonces, solo tendríamos que recurrir a 4 colegios.

Sin embargo, los estudiantes que podemos encontrar al interior de cuatro Instituciones Educativas podrían no representar a todos los escolares o a los niños que se encuentran en etapa escolar; por esta razón, tendremos que reducir el número de estudiantes que vamos a evaluar en cada Institución Educativa.

Vamos a suponer que evaluaremos a 40 estudiantes en cada Institución Educativa, entonces, tendremos que acudir a 10 de ellas, esto ya es un número mayor y la representatividad de diez colegios es mucho mejor que la de cuatro.

Ahora, ¿qué pasaría si tú quisieras estudiar a diez alumnos en cada colegio? Pues tendrías que recurrir a 40 de colegios, pero ocurre la misma situación que la visita domiciliaria, porque acudir a 40 colegios ya es muy trabajoso. Por lo tanto, el número de diez es un número bastante razonable y en cada colegio tendrás que evaluar a 400 estudiantes.

Pero ¿por qué exactamente diez Instituciones Educativas? ¿Por qué no once? o ¿por qué no nueve? Recuerda: esto es un muestreo no probabilístico y la decisión del número de Instituciones Educativas que se va a visitar está plenamente en las manos del investigador; de acuerdo a la experiencia que tiene dentro de su línea de investigación o al conocimiento que tiene acerca de la variable que desea conocer o medir.

Será el investigador quien decidirá cuántas Instituciones Educativas debe evaluar. En nuestro ejemplo, estamos poniendo un número de diez que parece bastante razonable. En otros casos podría ser más o menos de una manera cualitativa.

No existe una fórmula, no tenemos un algoritmo ni un esquema matemático que nos permita calcular cuántos colegios vamos a evaluar; lo que sí ocurre en el muestreo por conglomerados, ahí sí hacemos un cálculo del tamaño de la muestra; sí aplicamos un algoritmo para ver a cuántos de los centros y puestos de salud vamos a evaluar; ahí sí podemos hacer un cálculo y establecer a cuántas de estas instalaciones vamos a acudir porque se trata de muestreo probabilístico.

En cambio, en las técnicas de muestreo no probabilístico no entran estos conceptos matemáticos para calcular el número de cuotas que debemos elegir.

La elección queda a criterio del investigador que deberá identificar el número de cuotas necesarias para poder realizar su estudio; en nuestro ejemplo, hemos dicho que necesitamos a 400 alumnos y vamos a acudir a 10 instalaciones educativas, donde estudiaremos a 40 estudiantes.

En cada Institución Educativa hay más de 40 escolares o estudiantes, en ocasiones habrá 200, podría haber 500 estudiantes. En ese caso necesitamos realizar una segunda etapa para nuestro muestreo y te vas a sentir tentado en realizar un muestreo aleatorio simple, pero qué sentido tiene complementar con un muestreo aleatorio, es decir, un muestreo probabilístico, a una primera etapa que no fue probabilística.

En realidad, incluso si hicieras un muestreo probabilístico en esta segunda etapa los resultados que encontrarías serían muy similares al caso en que hubieses complementado en la segunda etapa un muestreo no probabilístico.

Por lo tanto, para a complementar la segunda etapa, un muestro accidental es aceptable, es decir, a los primeros alumnos que nos encontremos. En este punto debes estar diciendo: ¡pero esto es bastante sesgo! Sin embargo, así como ha sido descrito es el que menos sesgo tiene dentro de este grupo, esa es la razón por la cual también se le ha denominado cuasi probabilístico, lo cual demuestra que cuando de seleccionar muestras se trata no hay que complicarse  mucho, que esta puede ser la forma más rápida de realizar un estudio.

Por supuesto, estamos hablando de los muestreos no probabilísticos. Sin embargo, esta forma de seleccionar la muestra o el grupo de los elementos que conforman la muestra ha demostrado tener menos sesgo que los otros muestreos no probabilísticos que vienen a continuación.

# Segunda técnica

de muestreo **no probabilístico**

# Muestreo en bola de nieve

Para realizar un muestreo por cuotas, que es el que menos sesgo tiene dentro de las técnicas de muestreo no probabilístico, por lo menos hay que tener identificados a los grupos denominados cuotas.

En nuestro ejemplo anterior, las cuotas son los colegios e identificarlos es muy fácil: vamos a la Dirección Regional de Educación y pedimos un listado de todos los colegios. Independientemente de que luego de apersonemos a cada uno de ellos nos den permiso o no, para proceder a la recolección de los datos, existen circunstancias donde ni siquiera podemos identificar a los grupos que necesitamos evaluar.

El muestreo en bola de nieve es un complemento que aparece con mucha frecuencia cuando realizamos, por ejemplo, estudios de validación de instrumentos.

Vamos a poner el siguiente ejemplo: queremos construir un instrumento que nos permita identificar cuáles son las costumbres que tienen las mujeres a la hora del parto en una región alto andina, en el sur del Perú, para esto necesitamos saber qué le vamos a preguntar a esas mujeres, pero como nosotros no vivimos en esa zona, no estamos en la región alto andina y nunca hemos visto las costumbres que tienen estas mujeres, nos preguntamos cuáles serán y no tenemos ninguna idea.

Pero necesitamos construir este instrumento porque a partir de él nos permitiremos identificar poblaciones que necesitan una atención con adecuación intercultural: es que cada persona debe ser tratada de acuerdo a su cultura; no tenemos por qué tratar de modificar o influenciar sobre la cultura de los demás; debemos respetar esas libertades.

Entonces, necesitamos saber cuáles son esas costumbres, para poder darles una atención intercultural. Para adecuar nuestros procedimientos, es decir, nuestro quehacer profesional hacia sus propias creencias y costumbres. Lo más lógico sería desplazarse a esta población, luego identificar una gestante y preguntarle cómo es que le gustaría que la atiendan en el momento del parto, por supuesto, considerando los criterios profesionales y científicos pero sin transgredir su cultura.

En suma, lo que necesitamos es saber qué costumbres tienen estas mujeres a la hora del parto; sin embargo, la región alto andina del sur del Perú no es una región muy poblada, de tal modo que encontrar una sola gestante es una tarea complicada. Dicho de otro modo, si quieres colectar un grupo de 50 gestantes te podrías pasar todo el año y tenemos la necesidad de construir el instrumento lo más antes posible. Por lo tanto, necesitamos adaptar nuestra estrategia de recolección de datos a la circunstancia.

Lo que vamos a hacer es ubicar a una de esas mujeres que atienden el parto empírico. En estas regiones las gestantes no acuden al hospital porque no les dan una atención intercultural. Cuando estas mujeres acuden al hospital, el personal trata de modificar sus costumbres, transgreden su cultura y sus creencias; por eso prefieren tener un parto empírico, y alguien tiene que atender ese parto empírico; entonces, hay unas mujeres a las que se les denomina parteras, que son las que apoyan a las mujeres en el proceso del parto sin tener necesariamente una formación profesional.

Una partera debe haber atendido en promedio diez partos; por lo tanto, tiene mucha más experiencia respecto a las costumbres que la propia gestante, que en muchas ocasiones está embarazada por primera vez o es una primigesta. Entonces, entrevistar a las parteras, y no necesariamente a las gestantes, es más factible para lograr nuestros objetivos.

Encontrar parteras será mucho más fácil que encontrar gestantes, para ello vamos a pedir a la población que nos permita contactarnos con una de ellas. Y en la entrevista que vamos a realizar le pediremos que nos haga un listado o que nos comunique un conjunto de costumbres que tienen las mujeres gestantes a la hora del parto.

Existe variabilidad entre una partera y otra, no necesariamente tienen la misma experiencia, no necesariamente nos van a relatar la mismas costumbres; por lo tanto, entrevistaremos a más de una partera. Una vez que hayamos concluido nuestra entrevista le pediremos que nos ponga en contacto con otra partera, porque es de suponer que alguien le debe haber enseñado estas "artes".

Los conocimientos que tiene, si bien son empíricos, los tiene que haber obtenido de algún lugar. No es creíble que se los haya inventado; por lo tanto, será muy práctico pedirle a ella misma que nos ponga en contacto con otra partera, que nos dé los nombres de otras personas que se dediquen a la misma actividad.

Debemos tener en cuenta que no existe un listado de las parteras; que ellas no están empadronadas; que no tienen un número de identificación; que en su documento nacional de identidad no dice que es una partera; por lo tanto, no existe un listado, no tenemos un marco muestral de ellas.

En realidad, tampoco necesitamos de un marco muestral, no necesitamos entrevistar a 400 parteras, no estamos haciendo un estudio para luego generalizar, únicamente estamos tratando de identificar las costumbres de las mujeres a la hora del parto en esta región, entonces, no necesitaremos más allá de cinco o diez parteras.

¿Cómo determinamos el número de parteras que necesitamos? Esto va ocurrir cuando empecemos a encontrar patrones repetitivos en las respuestas que ellas nos vayan dando. Al entrevistar a nuestra segunda partera encontraremos que tiene cosas nuevas que decirnos, pero en la mayoría de los casos se repetirá todo lo que nos había dicho la primera.

Terminada la entrevista con esta segunda partera le pediremos que nos ponga en contacto con otra de sus colegas y encontraremos en esta tercera mujer, que las costumbres que nos ha relatado son, en la mayoría de los casos, las mismas que nos han relatado las dos primeras.

Llegará un punto en que veremos que no hay más necesidad de seguir buscando parteras porque las respuestas que nos dieron han llegado a un punto de saturación. Este punto de saturación ¿se presentará con siete de ellas? ¿Quizá será solamente con cinco? ¿Tal vez necesitemos diez?

No existe un número, un cálculo del tamaño muestral, no tenemos un algoritmo ni una fórmula; porque esta estrategia es cualitativa y la técnica de muestreo en bola de nieve es no probabilística; por lo tanto, es el investigador quien tendrá que decidir el número de unidades de estudio que tendrá que evaluar; el número de parteras a las que tendrá que entrevistar.

Esto significa que el investigador tiene que tener mucho conocimiento y experiencia en el tema que está investigando; que tiene que ser parte de esta línea de investigación.

En el muestreo en bola de nieve, al igual que ocurre en el muestreo sistemático, no existe un listado de las unidades de estudio, de las personas a las que debemos evaluar. El muestreo en bola de nieve habitualmente requiere de unas cuantas unidades de estudio por ser un complemento de las técnicas cualitativas de la investigación.

Si hacemos una extensión de lo comentado hasta este punto diríamos que el muestreo en bola de nieve puede ser utilizado para el estudio de los grupos clandestinos, porque tampoco en ellos podemos encontrar listados, registros, nóminas, direcciones.

Los grupos minoritarios o que se encuentran muy dispersos, pero que tienen contacto entre si son candidatos para ser seleccionados mediante esta técnica de muestreo no probabilístico; también podríamos incluir a los indocumentados, a las personas ilegales o que se encuentran con residencia ilegal: el requisito es que estas unidades de estudio se encuentren conectados entre sí, de tal forma que la identificación de uno de ellos nos permita acceder al resto de la comunidad.

Pero tampoco hay que restringirlo a lo marginal. Imagina que quieres hacer un estudio sobre los profesionales que brindan asesoramiento estadístico para la graduación, para la tesis, en tu ciudad.

En mi ciudad yo conozco a los profesionales que brindan asesoramiento estadístico, te puedo poner en contacto con ellos, te puedo dar su número telefónico; pero no es que exista un listado, un registro oficial, una nómina de todas las personas que hacen esta labor. Sin embargo, por la labor que realicé durante diez años conozco el medio y a las personas que se dedican a esto. Por lo tanto, bien podría aplicarse también en este caso un muestreo en bola de nieve.

# Tercera técnica

## de muestreo **no probabilístico**

# Muestreo según criterio

Habíamos mencionado que dentro de las técnicas de muestreo no probabilístico hay algunas que tienen menos sesgo y otras que tienen más sesgo. La técnica de muestreo no probabilístico que tiene menos sesgo, y que incluso es considerado cuasi probabilístico, es el muestreo por cuotas; después nos encontramos con el muestreo en bola de nieve. Seguido de esto y con una mayor cantidad de sesgo se encuentra el muestreo según criterio.

Dentro del muestreo según criterio existen dos formas de criterio: el primer criterio, el criterio del investigador; y el segundo criterio, el criterio de un grupo de expertos. Al primero de ellos se le denomina discrecional; y al segundo, de juicio.

Veamos un ejemplo con cada uno de ellos:

Queremos desarrollar un estudio en los profesionales de la salud que realizan docencia a nivel universitario, para ver cuál es el grado de uso que le dan a las tecnologías de la información y la comunicación en el proceso de enseñanza-aprendizaje.

Me permito plantear este ejemplo porque hace algún tiempo vengo realizando programas de entrenamiento estadístico a través de Internet, en el que se requiere hacer uso completo de las tecnologías de la información y la comunicación, porque es la única forma de realizar este tipo de programas a través de Internet.

Entonces, ¿a cuántos profesionales incluiremos en el estudio para hacer la recolección de datos? Si estamos hablando de que se trata de un programa a través de Internet, la población vendría a ser todos los profesionales de la salud que se dedican a la docencia en el mundo de habla hispana en Latinoamérica.

Entonces, realizar un muestreo probabilístico es, por demás, obsceno. Fijémonos:¿qué pasaría si yo quisiera realizar un muestreo aleatorio simple? Supongamos que mi cálculo del tamaño de la muestra me ha indicado que necesito 400 profesionales, ¿acaso puedo acceder al listado de los profesionales de la salud que se dedican a la docencia en todas las universidades de Latinoamérica?

Sabemos que en cada universidad hay un listado de ellos, pero ¿acaso puedo desplazarme y ponerme en contacto con todas las universidades para saber cuántos de sus docentes son profesionales de la salud? Esto es totalmente impensable, por lo tanto, no tengo N, no puedo realizar un muestreo aleatorio simple porque no tengo un marco muestral.

Probemos con la siguiente técnica:¿podría realizar un muestreo sistemático? Incluso si yo pudiera acceder a todos ellos y obtener de alguna manera N, tendría que establecer mi intervalo de salto k que significa dividir N entre n ¿Cuál sería el criterio para utilizar el intervalo de salto? En consecuencia, el muestreo sistemático tampoco se podría aplicar en este caso.

Veamos ahora cuál sería la forma de realizar un muestreo aleatorio estratificado. Quizás la estratificación la obtenga por países, supongamos que hay países que tienen más docentes profesionales de la salud en el nivel universitario, tendría que desplazarme a todos los países porque eso implica el muestreo estratificado: tomar una  fracción de la población proporcional a cada uno de los países. Esto es totalmente impráctico e impensable.

Ahora, probemos con un muestreo por conglomerados. Esto significa que tendría que ubicar universidades porque en cada universidad hay un conjunto de profesionales de la salud que se dedican a la docencia a nivel universitario y acudir a alguno de ellos.

Pues bien, basta con que tenga cinco conglomerados tendría que desplazarme a cinco países; aun así no estaría seguro de que me den la autorización para realizar la entrevista o incluso si los profesionales me permiten entrevistarlos; si aceptarían ser parte del estudio. Esto también sería totalmente impráctico.

Entonces, me veo obligado a realizar un muestreo no probabilístico y, como siempre, pienso en aquel que tenga la menor cantidad de sesgo posible. Comienzo por el muestreo por cuotas a ver si este es el tipo de selección que me permitiría recolectar datos.

Las cuotas podrían ser los países pero también podrían ser las universidades, en cualquiera de los dos casos me encuentro con el mismo conflicto con el que me había encontrado en el muestreo estratificado. Por tal razón, tampoco es aplicable el muestro por cuotas.

Sigo descendiendo, riesgo aparte de incrementar el sesgo de mis resultados, y no tengo otra alternativa, así que probaré con el muestreo en bola de nieve. Me pongo en contacto con un docente del área de la salud a nivel universitario y espero que el me ponga en contacto con otro docente. Pues, él me va a poner en contacto con un docente de su propia Universidad y de su propia Facultad, y este, a su vez, me va a poner en contacto con otro docente de la misma Facultad y de la misma Universidad, y nunca voy a salir de allí.

Incluso, si me llegaran a poner en contacto con un docente  de otra Universidad sería de la misma ciudad, porque las personas tienden a agrupar su entorno social geográficamente. Entonces, la mayoría de los docentes que entreviste serían de la misma Universidad y con mucha suerte de la misma ciudad; por tal motivo, sigo descendiendo en los muestreos no probabilísticos, bajo riesgo de incrementar el sesgo en mis resultados, y me encuentro con el muestreo según criterio.

El primer criterio es el criterio del investigador y el segundo criterio es el criterio de un grupo de expertos, llamado juicio, también conocido como juicio de expertos. Entonces, se trata de encontrar un conjunto de profesionales que hagan exactamente lo mismo que estoy haciendo, que son programas de entrenamiento estadístico a través de Internet y me encuentro que en este momento todavía no hay profesionales de la salud que estén haciendo programas de entrenamiento estadístico a través de Internet; por lo tanto, no puedo recurrir a expertos y tendré que recurrir al criterio particular, al criterio discrecional, es decir a mi propio criterio.

¿A cuántos debo estudiar? Tendré que recurrir a mi experiencia realizando este tipo de programas de entrenamiento, al conocimiento que tengo sobre esta línea de investigación para poder decidir a cuántos y a cuáles de los profesionales de la salud que hacen docencia universitaria debo entrevistar para conocer el uso que le dan a las tecnologías de la información y la comunicación en el proceso enseñanza-aprendizaje.

Entonces, se me ocurre acudir a los miembros del Club de Estadística, porque allí tenemos a los profesionales de la salud, tenemos el registro los que son docentes de nivel universitario; y decido hacerles una entrevista o, tal vez, una encuesta.

Esta será la forma de obtener los resultados que necesito para concluir mi investigación. El único que decidió acerca del número y de la forma de seleccionar a estos profesionales fue el investigador, criterio particular discrecional, intencional, llamado también opinático, porque es una opinión, en este caso, personal.

Pero, ¿qué pasaría si hubiese un conjunto de profesionales que realizan la misma actividad? Trasladémonos cinco años más adelante: ya hay muchos profesionales que dan programas de entrenamiento estadístico a través de Internet.

En este caso tendré que ponerme en contacto con ellos para pedirles su opinión, y otra vez aparece el término de opinático. Entonces, para poder decidir a quiénes incluir en el estudio y quiénes quedarán fuera de él, teniendo en cuenta que tenemos una base previa de los miembros del Club de Estadística, me permitiré realizar una crítica con este conjunto de profesionales; y por eso también a este muestreo se le llama crítico.

Este tipo de muestreo es muy utilizado en las pruebas piloto, porque cuando construyes un instrumento necesitas ponerlo a prueba. Para realizar tu cálculo del alfa de Cronbach y realizar un ajuste acerca de la forma de redacción que debe tener tu instrumento, en ese caso no tienes que hacer un cálculo ni utilizar una técnica probabilística, sino simplemente identificar un conjunto de unidades de estudio muy similar al que pertenece tu población y a esto se le denomina *focus group*, muy utilizado en los estudios de mercado.

De hecho, el ejemplo que te puse acerca del uso de las tecnologías de la información y la comunicación en los profesionales de la salud que hacen docencia a nivel universitario es parte de un estudio de mercado.

# Cuarta técnica

de muestreo **no probabilístico**

# Muestreo por conveniencia

Existen circunstancias donde no solamente no podemos acceder al muestreo probabilístico, sino que no podemos hacer ninguno de los muestreos no probabilísticos de los que hemos hablado anteriormente. En ese caso tendremos que recurrir a un muestreo por conveniencia.

El muestreo por conveniencia recibe diversos nombres, como por ejemplo: deliberado, porque no hay ningún procedimiento, ninguna acción ni razón; en suma, no hay ninguna forma de seleccionar la muestra, es simplemente deliberado.

Pongamos un ejemplo: imagina a los astronautas que viajaron a la Luna hace más de 30 años. Ellos tomaron algunas muestras de la superficie lunar y queremos conocer cuáles son sus propiedades fisicoquímicas. Tendremos que recurrir a las muestras que fueron tomadas en ese momento, porque no hay forma de regresar a la Luna para tomar, nuevamente, otras muestras.

En realidad, aunque hubiera manera de hacerlo, no vamos a retornar únicamente para hacer un muestreo de este tipo; además, tampoco podemos elegir cuál es la zona donde vamos a alunizar, porque eso se elige en función a la factibilidad tecnología con la que contemos en ese momento.

Es un muestreo por tanto errático, sin normas, accidental y hasta por comodidad, por ejemplo, si quieres una muestra rápida de cualquier conjunto de unidades de estudio puedes pedir voluntarios o incluso podrías ofrecer un premio o una recompensa a la gente que quiera ser parte del estudio.

En algunos casos, el sesgo que esto puede generar es inmenso, por ejemplo, imagina a un candidato a las elecciones nacionales del presente año que pide un grupo de voluntarios para dar su opinión acerca del voto que van a emitir, por supuesto, serán los partidarios los voluntarios para comunicar su voto; pero entre sus partidarios va tener un 100% de aceptación y esto, en definitiva, no representa a la población.

Ese sería el caso extremo en que el muestreo por conveniencia muestra el sesgo más grande que puede existir con una de estas técnicas de muestreo no probabilístico.

Pero, habrá otras circunstancias donde el muestreo por conveniencia tenga resultados por demás satisfactorios: imagina que estamos probando el efecto de una nueva droga antihipertensiva y necesitamos voluntarios para poner a prueba el efecto de este fármaco.

Lógicamente, en las fases finales de la investigación solicitaremos voluntarios para probar el efecto que hemos demostrado en los procedimientos anteriores, incluso si la muestra que consideramos es de voluntarios, encontraremos que los resultados en los voluntarios serán muy similares a los resultados que encontraríamos si aplicásemos la droga en la población.

De hecho, si hacemos el estudio y comparamos el efecto que tuvo en los voluntarios con el efecto de la misma droga ya a nivel comercial sobre la población, es decir, sobre los pacientes que tienen una determinada patología como la hipertensión, encontraremos que será más o menos el mismo, por no decir muy similar, y muy cercano al resultado que habíamos encontrado en los voluntarios.

Por lo tanto, el muestreo por conveniencia es una técnica que no debemos desestimar ni hacer a un lado. En muchos casos podemos encontrar resultados en la muestra muy similares a los que encontraríamos en la población como en el ejemplo del fármaco antihipertensivo, pero también existirá el otro extremo donde los voluntarios representaran la máxima cantidad de sesgo posible.

Por ejemplo, un candidato a las elecciones que pide un grupo de voluntarios para emitir su opinión acerca del voto que van a emitir: si los voluntarios son sus partidarios, lógicamente, tendrá un 100 % de aceptación. El sesgo que encontremos en el muestreo por conveniencia estará entre uno de estos dos parámetros.

Veamos el siguiente ejemplo: necesitamos realizar una encuesta acerca del grado de aceptación que tienen las personas para el método anticonceptivo de emergencia y para ello seleccionaremos, porque esto es una técnica de muestreo, es decir, es una técnica de selección, a los 30 primeros pacientes que acudan a mi consultorio.

Esto es una forma cómoda, porque si se realizara un muestreo probabilístico, en definitiva, me tomaría más tiempo y me consumiría demasiados recursos para su ejecución; en cambio, utilizar a los 30 primeros pacientes que acudan a mi consultorio me resultará completamente práctico y casi no va a alterar mi trabajo profesional o mi trabajo rutinario, de tal forma que  me permitiré realizar la investigación con mucha más frecuencia porque esto me es particularmente cómodo.

Esto es un muestreo accidental, porque yo no sé quiénes son los 30 siguientes pacientes que van a acudir a mi consultorio, no tengo idea de cuáles sean las razones por las que solicitan la consulta profesional.

Ahora, veamos cómo solucionar el problema de los voluntarios en el caso de las preferencias políticas. Si un candidato a las elecciones nacionales del presente año quiere tener una idea más o menos somera del grado de aceptación que tiene en la población, para los próximos comicios y decide realizar un muestreo por conveniencia, pues que no lo haga por voluntarios, puede ser por ejemplo a las 30 primeras personas que salgan de un autobús o quizás que pasen por una determinada calle, una de las que se encuentran en el centro de la ciudad.

Entonces, los resultados de esta encuesta serán, por supuesto, mucho más cercanas a lo real que aquel estudio que hizo con los voluntarios entre sus partidarios, porque la forma en que se distribuyen las personas que salen de un autobús es completamente accidental y es errática, lo mismo ocurrirá con las personas que pasan por una determinada calle que corresponde al centro de la ciudad.

El sesgo que proporciona un muestreo por conveniencia puede ser utilizado con fines secundarios: imagina un candidato a las elecciones nacionales del presente año que tiene más aceptación en los estratos socioeconómicos bajos respecto de los estratos socioeconómicos altos, donde sus niveles de aceptaciones son muy bajos; entonces, decide realizar una encuesta, para publicarlo en los medios de comunicación, intencionalmente sesgada en los estratos socioeconómicos bajos.

Esto con la intención de mostrar un resultado sesgado a su favor, en este caso no podemos decir que el muestreo sea errático o accidental, podríamos decir que es deliberado o manipulado y que los resultados encontrados en la muestra si bien no representan la intención de la población, sí le son convenientes.

En este caso tendríamos que exigir que el muestreo sea realizado de maneara aleatoria, pero ¿cuán aleatorio puede ser un muestreo para realizar un estudio de preferencias políticas a nivel nacional?¿Podrá ser un muestreo aleatorio simple? Que es el muestreo ideal si eligiéramos a las 400 unidades a través del número de Documento Nacional de Identidad; entonces, tendríamos que viajar por 400 zonas del país: esto no es posible ¿Podrá ser un muestro sistemático?

La inconveniencia de este muestreo es la misma que se presenta en el muestreo aleatorio simple; por lo tanto, nos queda una tercera opción: el muestreo aleatorio estratificado, en este caso se tendrá que pedir a una encuestadora seria que haga un muestreo donde se representen proporcionalmente a todos los estratos socioeconómicos, pero aun así tendrían que viajar a todas las regiones el país; por eso es que las encuestadoras hacen sus estudios únicamente en la ciudad capital y ahí se enfocan en los diferentes estratos socioeconómicos para conocer las preferencias electorales de los pobladores en los próximos comicios.

Pero las encuestadoras verdaderamente serias hacen una combinación de una técnica de muestreo no probabilístico más una probabilística: primero hacen un muestreo por cuotas para determinar cuatro zonas en el país y en cada una de esas zonas hacen un muestreo aleatorio estratificado. El resultado de este procedimiento realmente representa la realidad de la intención de voto en toda la nación.

# ACERCA DEL AUTOR

El Dr. José Supo es Médico Bioestadistico, Doctor en Salud Pública, director de www.bioestadístico.com y autor del libro "Seminarios de Investigación Científica".

Programas de entrenamiento desarrollados por el autor:

1. Análisis de Datos Aplicado a la Investigación Científica

2. Seminarios de Investigación Para la Producción Científica

3. Validación de Instrumentos de Medición Documentales

4. Técnicas de Muestreo Probabilístico en Investigación

5. Proyecto de Investigación - Diseño de casos y controles

6. Análisis Multivariado - Diseños Experimentales

7. Análisis de Datos Categóricos y Regresiones Logísticas

8. Técnicas de análisis Predictivos y Modelos de Regresión

9. Control de Calidad: Análisis del Proceso, Resultado e Impacto

10. Minería de Datos para la Investigación Científica.

11. Entrenamiento para Tutores, Jurados y Asesores de tesis

12. Herramientas para la Redacción y Publicación Científica

# MÁS SOBRE EL AUTOR

El Dr. José Supo es conferencista en métodos de investigación científica, entrenador en análisis de datos aplicado a la investigación científica y desarrolla talleres sobre los siguientes:

Libros y audiolibros publicados por el autor:

1. Cómo se hace una tesis
2. Cómo ser un tutor de tesis
3. Cómo asesorar una tesis
4. Cómo evaluar una tesis
5. El propósito de la investigación
6. Las variables analíticas
7. Cómo elegir una muestra
8. Cómo validar un instrumento
9. Cómo probar una hipótesis
10. Cómo se elige una prueba estadística
11. Validación de pruebas diagnósticas
12. Técnicas de recolección de datos

¿Quieres saber más?

**www.tecnicasdemuestreo.com**

www.ingramcontent.com/pod-product-compliance
Lightning Source LLC
Chambersburg PA
CBHW021414170526
45164CB00002B/642